灣灣島上的快樂鳥

圖／文　陳芃樺

作者簡介

陳芃樺　台灣環保議題兒童繪本作家

1979年7月10日

國立高雄師範大學視覺設計研究所畢業，現為台南市國小視覺藝術教師

曾任幼兒園教師十二年，幼兒園園長兩年，國小視覺藝術教師2013年迄今

110年中華民國斐陶斐榮譽學會榮譽會員

2019年「豬麗葉」繪本創作個展

2021年「黑熊學校」第二次繪本創作個展，於高雄市鳳山婦幼青少年活動中心文化走廊開展

2023年「灣灣島上的快樂鳥」第三次繪本創作個展，於高雄市立圖書館總館開展

2015年高雄市羊年燈會創意花燈競賽甲等

2016年高雄市猴年燈會創意花燈競賽佳作

2022年高雄市虎年燈會創意花燈競賽佳作

曾幫公益團體繪製石虎著色圖

指導高雄市政府110年鼓山濱線祭活動漁旗彩繪

111年教育部美感生活學校地圖計畫優選獎

指導2023台南市兒童藝術教育節創作邀請展，於新營文化中心意象廳

110學年度「藝起來學學」小感動虎彩繪教師

111學年度「藝起來學學」小感動兔彩繪教師

112學年度「藝起來學學」小感動龍彩繪教師

已出版繪本有《豬麗葉》與《黑熊學校》

作者序

感謝您的欣賞與閱讀。

這是芃樺的第三本繪本創作，我的繪本內容都與台灣的環境生態相關，因為台灣是我們的家，

藝術工作者必須有這個社會責任來告知、承擔、推廣、保育我們所生存的環境。

《灣灣島上的快樂鳥》承襲了《黑熊學校》與《豬麗葉》的繪本精神，以台灣環保生態為主軸，

內容探討台灣瀕臨絕種鳥類所面臨的困境，用瀕危動物的角度來思考環保與生活之間的關係。

素人畫家，沒有華麗的技巧，只想用樸實恬靜的態度來「話」故事。

願以此繪本獻給關心台灣環境生態的您們

願我們都是點亮台灣的光，

也願台灣的光能在宇宙中，永續，永恆

讓我們一起為更美好的台灣而努力。

祝　閱讀愉快

陳芃樺

關於「灣灣島上的快樂鳥」你所不知道的事

繪者起初幫故事取名的時候，因為要講「台灣」的故事，

所以將故事裡面的島嶼命名為「灣灣島」，因此「灣灣島」就是指「台灣」的意思。

之後，繪者想讓讀這個故事的孩子們發現「島」這個字與「鳥」這個字長得很像

（讓小讀者學認字），

於是就畫了一個「生活在台灣的鳥類」的故事。

「灣灣島上的快樂鳥」除了講述生活在台灣的六種鳥類所面臨的困境之外，

貫串故事的主角「探險家阿獺」也是一個很重要的角色，

因為「阿獺」是生活在台灣（金門）但卻瀕臨絕種的歐亞水獺，

藉由動物們之間互相關心之情來告訴人類：

即便是動物都能夠互相幫忙一起面對困難與挑戰，更何況是人類呢？

想一想，我們可以為這個世界所做的事情真的太多了，每個人一點點的力量累積起來，

就是一股很大的能量，能夠為鳥兒發聲，為動物發聲，為台灣發聲，為世界發聲，

那是多麼有意義的一件事……。

探險家阿獺在海上航行幾天之後，船隻終於來到了一座小島。

阿獺看到地上有一塊掉落的牌子寫著「灣灣島」，

原來他來到了傳說中那座充滿美麗鳥類的島嶼。

嗶嗶嗶……，電腦顯示「灣灣島上充滿許多奇特稀有的鳥類，

有許多鳥更是全世界只有灣灣島上才有」。

哇～～阿獺心裡想：

「如果我能在灣灣島上遇見特別的鳥，那該有多幸運呀！」

走著走著，眼前出現了一隻藍色的鳥。

「你好呀！我是探險家阿獺，請問你是誰呀？」

「我是藍腹鷳，請問你有看到我的家人嗎？」

藍腹鷳接著說：「因為我們長得太漂亮了，所以人類就來山上抓我們，
我們的家被破壞了，家人也被抓走了，我一點也不快樂。」
藍腹鷳說著說著，轉身就消失在森林裡了。

阿獺繼續往前走，眼前出現了一隻紫藍色的鳥。
「你好呀！我是探險家阿獺，請問你是誰呀？」
「我是帝雉，請問你有看到我的家人嗎？」

帝雉接著說：「人類常常來山上砍樹，害我們沒地方住也沒東西吃，
人類說我們很珍貴，所以把我們的樣子印在紙鈔上，但是我一點也不快樂。」
帝雉說著說著，轉身就消失在森林裡了。

阿獺又繼續往前走，眼前出現了一隻色彩繽紛的鳥。
「你好呀！我是探險家阿獺，請問你是誰呀？」
「我是五色鳥，請問你有看到我的家人嗎？」

五色鳥接著說：「我們穿著五彩衣，所以被稱為森林中的花和尚，
因此人類喜歡捕捉我們，而且我們的巢在樹上，樹也被人類砍掉了，
我一點也不快樂。」
五色鳥說著說著，轉身就消失在森林裡了。

阿獺往前走來到了水邊，眼前出現了一隻黑色嘴巴的白色大鳥。

「你好呀！我是探險家阿獺，請問你是誰呀？」

「我是黑面琵鷺，請問你有看到我的家人嗎？」

23

黑面琵鷺接著說：「人類為了生存而大量開發，導致我們沒有住的地方，
連水都被汙染了，也沒有食物可以吃，雖然人類都叫我們黑琵，
但是我一點也不Happy。」
黑面琵鷺說著說著，轉身就消失在水邊了。

離開了水邊，阿獺又繼續往前走，眼前出現了一隻藍黑色的鳥。

「你好呀！我是探險家阿獺，請問你是誰呀？」

「我是台灣藍鵲，請問你有看到我的家人嗎？」

台灣藍鵲接著說：「人類來山上砍樹，獵人要來抓我們，
還有農夫噴灑農藥害我們中毒，我一點也不快樂。」
台灣藍鵲說著說著，轉身就消失在森林裡了。

阿獺繼續走，眼前出現了一隻棕褐色的鳥。
「你好呀！我是探險家阿獺，請問你是誰呀？」
「我是畫眉，請問你有看到我的家人嗎？」

畫眉接著說：「我們唱歌很好聽，所以人類就來抓我們，
還破壞了我們住的山林，我一點也不快樂。」
畫眉說著說著，轉身就消失在森林裡了。

就這樣，探險家阿獺在灣灣島上走了一天，
遇到了許多特別的鳥，但是鳥兒們好像都不快樂。
夕陽西下，山林間出現了亮光，並且傳來了歌聲與笑聲，
阿獺很好奇，於是往聲音的方向走過去。

「阿獺，是你嗎？」

「快來參加我們的森林派對。」

阿獺看到今天相遇的鳥兒，正熱情的和他打招呼。

阿獺坐下來與鳥兒們一同歡唱一起聊天。
「我以為你們都不快樂。」阿獺說。
「只有在沒有人類的地方我們才會感到自在。」藍腹鷴說。

「其實我們也很想和人類好好相處。」帝雉接著說。

「但是人類砍掉了我們的樹，抓走了我的家人，讓我不知所措。」五色鳥跟著說。

「希望人類可以好好愛護環境，重視水資源。」黑面琵鷺繼續說。

「或是保護山林，不要濫砍濫捕，讓我們有一個美好的生存環境。」台灣藍鵲也說。

43

「這樣才是我們想要的生活。」畫眉開心的說。
鳥兒們終於又露出快樂的笑容繼續高歌。

夜幕低垂，所有的鳥兒都沉睡了，只有阿獺獨自在山林裡仰望星空。

「這些鳥兒教會了我好多事情。」

「原來鳥兒的快樂與不快樂，都來自人類是否有和善的對待。」阿獺心裡想。

灣灣島上充滿許多奇特稀有的鳥類，有許多鳥更是全世界只有灣灣島上才有，
因此傳說中那座充滿美麗鳥類的島嶼並不是傳說，而是真實存在著。

感謝

我的父母與家人
我的先生　則勳
　大女兒　千珈
　小女兒　戀安

灣灣島上的快樂鳥

圖　　文　陳芃樺
校　　對　陳芃樺
發 行 人　張輝潭
出版發行　白象文化事業有限公司
　　　　　412台中市大里區科技路1號8樓之2（台中軟體園區）
　　　　　出版專線：（04）2496-5995　　傳真：（04）2496-9901
　　　　　401台中市東區和平街228巷44號（經銷部）
　　　　　購書專線：（04）2220-8589　　傳真：（04）2220-8505
專案主編　陳逸儒
出版編印　林榮威、陳逸儒、黃麗穎、陳婷婷、李婕、林金郎
設計創意　張禮南、何佳諠
經紀企劃　張輝潭、徐錦淳、林尉儒
經銷推廣　李莉吟、莊博亞、劉育姍、林政泓
行銷宣傳　黃姿虹、沈若瑜
營運管理　曾千熏、羅禎琳
印　　刷　基盛印刷工場
初版一刷　2024年2月
定　　價　300元

國家圖書館出版品預行編目資料

灣灣島上的快樂鳥／陳芃樺 圖・文 --初版.--臺
中市：白象文化事業有限公司，2024.2
ISBN 978-626-364-195-2（精裝）

1.CST: 鳥類　2.CST: 動物保育
3.CST: 繪本　4.CST: 臺灣
388.833　　　　　　　　112019282

白象文化　印書小舖 PressStore　出版・經銷・宣傳・設計
www.ElephantWhite.com.tw　f 自費出版的領導者　購書 白象文化生活館